KB189889

흥미롭고 놀라운 비교

공룡과 나

마리 그린우드 글 · 김아림 옮김

효리원
hyoreewon.com

A Dorling Kindersley book
www.dk.com

김아림 옮김

서울대학교 생물교육학과를 졸업하고, 동대학원 과학사
및 과학철학 협동 과정을 수료하였습니다. 자연과학과 수학 관련
인문서 등에 관심이 많으며, 과학 전문 출판사 편집부에서 근무한 경험이
있습니다. 지금은 번역 에이전시 엔터스코리아에서 출판 기획 및 전문 번역가로
일하고 있으며, 그동안 『리얼 다이노소어(월드 베스트 공룡 가이드)』를
비롯한 여러 권의 공룡 및 수학 관련 책을 옮겼습니다.

공룡과 나

2014년 1월 20일 1판 2쇄 **펴냄**
2012년 1월 20일 1판 1쇄 **펴냄**
펴낸곳 (주)효리원 · **펴낸이** 윤종근
글쓴이 마리 그린우드 · **옮긴이** 김아림
등록 1990년 12월 20일 · **번호** 2-1108
우편 번호 110-360 · **주소** 서울시 종로구 율곡로 10길 20
대표 전화 3675-5222 · **편집부** 3675-5225 · **팩시밀리** 765-5222
잘못 만들어진 책은 구입하신 서점에서 바꾸어 드립니다.
홈페이지 www.hyoreewon.com

차 례

초기 파충류들

공룡은 제일 먼저 지구에 나타난 파충류예요. 오늘날의 파충류가 거의 그런 것처럼 공룡의 피부는 비늘로 덮여 있었어요. '공룡'이라는 이름은 '무시무시한 도마뱀'이라는 뜻이에요.

걸어 다니는 거대한 동물

공룡은 다리가 네 개였지만, 대부분의 공룡은 우리 사람처럼 두 발로 서서 걸었어요. 공룡이 사라진 뒤에도 다리가 네 개인 동물은 여전히 많이 남아 있어요.

화석을 보면 공룡이 어떻게 생겼는지 알 수 있어요. 화석은 바위 속에서 발견 돼요.

양서류는 대부분 발이 네 개예요. 개구리도 양서류예요. 양서류는 물에서도 살 수 있고, 땅에서도 살 수 있어요.

쉭 !

거북은 네 발로 아주 느릿느릿 움직여요. 거북의 단단한 등 껍데기는 다른 동물에게 먹히지 않도록 몸을 보호해 줘요.

도마뱀을 비롯한 거의 모든 파충류는 다리가 몸통 양옆에 붙어 있어요. 그래서 몸통이 땅 가까이 있게 돼요.

나는 거북이야!

파닥!
파닥!

6500만 년 전의 지구는 그림처럼 생겼을 거예요. 대륙들이 서서히 모습을 드러내고, 공룡들은 거의 사라질 무렵이에요.

안녕!

조류는 공룡과는 아주 다르게 생겼지만 사실은 가까운 친척이에요. 비슷한 점 한 가지를 든다면, 둘 다 알을 낳는다는 점이에요.

공룡처럼 우리 사람도 두 다리로 걸어요. 그래서 두 팔로 자유롭게 무언가를 들거나 잡을 수 있어요.

공룡은 서서 걸어 다녔기 때문에 몸통이 땅에서 떨어져 있었어요.

대부분의 공룡은 꼬리가 길었어요. 꼬리는 공룡이 달릴 때 몸의 균형을 잡아 주는 일을 했어요.

티라노사우루스의 머리는 길이가 어른 한 사람의 키만 했어요. 정말 어마어마하지요?

크아앙!

크기에 대해 알아보아요

여러분, 공룡은 모두 몸집이 컸을까요? 아니에요. 그렇지 않은 공룡도 있었어요. 어떤 공룡은 크기가 겨우 닭만 했어요. 또 사람과 비슷한 크기의 공룡도 있었어요.

얼마나 컸을까요?

공룡은 종마다 몸의 크기가 다양했어요. 그중에서 우리에게 잘 알려진 공룡은 몸집이 큰 공룡들이지요. 고기를 먹고 사는 거대한 공룡인 티라노사우루스는 몸집이 큰 공룡 중에서도 제일 유명해요. 티라노사우루스라는 이름은 '도마뱀들의 왕' 이라는 뜻이에요.

레소토사우루스는 몸집이 아주 작은 공룡 중 하나예요. 이 공룡은 무척 빨리 달릴 수 있었어요.

내가 제일 작아!

키는 내가
제일 커!

후이휙!

케찰코아틀루스는 날아다니는 파충류 중에서
제일 컸어요. 이 공룡이 날개를 활짝 펴면 그
길이는 앨버트로스(거위와 비슷하게 생긴 바닷새.
편 날개 길이는 2미터)보다 세 배나 더 길었어요.

사람은요!
사람의 손은 트루돈
발톱보다 두 배
정도 길어요.

공룡은요!
리오플레우로돈은 물
속에 사는 파충류 중
제일 컸어요.

동물은요!
흰수염고래는 몸길이가
33미터예요. 이보다 큰
공룡은 없었어요.

트루돈은 몸집이 여러분보다
약간 큰 정도였어요. 트루돈은
공룡치고는 꽤 영리했어요.
오늘날의 새 정도로 똑똑했어요.

용각류 공룡들은 지구에
나타난 동물 중에서 제일
컸어요. 키가 기린의 두 배가
넘는 용각류도 있었어요.

안녕!

몸의 모양을
만들어요

언뜻 보면 믿을 수 없겠지만,
공룡의 뼈대는 사람과 많이 비슷해요.
뼈는 공룡의 생김새를 만들어 주고,
위험으로부터 몸의 내부를
보호해 줘요. 사람의 뼈가
하는 일과 같아요.

나는
두 발로 걸어...

티라노사우루스와
같은 많은 공룡들은 우리
사람처럼 두 다리로 걸었어요.
공룡의 뼈는 가벼워서 빨리
달릴 수 있었어요.

속이 빈 뼈

육식 공룡의 뼛속은 대부분 공기로 채워져 있었어요. 그래서 뼈는 컸지만 별로 무겁지 않았어요. 오늘날 새들의 뼈도 공룡과 비슷하게 속이 비어 있어요.

사람은요!
우리 몸의 뼈 가운데 가장 작은 뼈는 귓속에 있는 뼈예요.

오우라노사우루스의 뼈는 등을 따라 길게 뻗어 있었어요. 피부가 이 뼈를 감싸고 있어서 햇빛이 뜨거울 때에도 적당히 체온을 유지할 수 있었어요.

공룡은요!
아파토사우루스의 허벅지 뼈는 어른 한 명의 키보다 컸어요.

선 크림 어딨어?

동물은요!
상어의 뼈는 딱딱하다기보다는 탄력이 있는 편이에요.

…나도!

사람의 뼈대는 206개의 뼈로 이루어져 있어요. 뼈가 가벼워서 우리는 재빨리 움직일 수 있어요.

지금까지 발견된 공룡의 뼈대 가운데 가장 작은 공룡의 뼈대는 무사우루스 새끼의 뼈대예요. 이 공룡의 뼈대는 쇼핑백에 들어갈 정도로 작아요.

악어, 거북, 도마뱀 등의 파충류들은 공룡과 달리 다리가 몸통 양옆에 붙어 있어요.

…나는 네 발로 걸어!

꿀꺽!

카르카로돈토사우루스의 머리뼈에는 큰 구멍이 여러 군데 나 있어서 뼈가 가벼워요. 이 공룡은 한입에 꿀꺽 사람을 삼킬 수도 있었어요.

머리에 대해 알아보아요

어떤 공룡들은 머리는 엄청나게 큰데, 그 안에 든 뇌는 아주 작았어요. 그렇다고 해서 머리가 나쁘지는 않았어요. 스스로 위험을 피하고 먹이를 구할 줄 알았으니까요.

공룡의 IQ

공룡 중에는 다른 공룡보다 좀 더 영리한 공룡이 있었어요. 가장 똑똑한 공룡은 작은 육식 공룡들이었어요. 육식 공룡들은 무리를 지어 사냥했어요. 하지만 오른쪽의 스테고사우루스는 그다지 영리하지 않았어요.

콩알만 한 뇌!!

사람은요!

갓난아기의 뇌는 다 자란 공룡보다 커요.

공룡은요!

공룡 중에는 코끼리처럼 기억력이 좋은 공룡도 있었을 거예요.

동물은요!

오늘날 뇌가 제일 큰 동물은 고래와 돌고래예요.

공룡 중에는 입이 오리 주둥이처럼 생긴 공룡도 있었어요. 에드몬토사우루스도 그런 공룡이에요.

박치기!

파키케팔로사우루스의(왼쪽) 머리 위쪽 뼈는 특별히 두꺼웠어요. 아마 오늘날의 염소들처럼 머리로 박치기하는 데 쓰였을 거예요.

사람의 눈은 앞쪽을 향해 있어서 사물을 삼차원으로 볼 수 있어요. 그런가 하면 트리케라톱스 같은 초식 공룡은 눈이 양옆을 향해 있어서 먹이를 먹으면서 위험한 상황이 생기지 않는지 지켜볼 수 있었어요.

눈 눈!

나는 네가 보여......

트리케라톱스의 머리뼈는 공룡 중에서 제일 커요. 머리뼈의 길이가 2미터나 돼요. 목 위쪽에는 커다란 방패처럼 뼈로 된 목장식이 달려 있어요.

몸을 보호해요

도마뱀이나 뱀처럼 어떤 공룡은 피부에 비늘이 나 있었어요. 하지만 사람의 피부는 공룡과 아주 달라요. 부드러운 데다 탄력도 있고 수많은 털로 덮여 있어요.

어떤 공룡은 피부가 알록달록한 색깔이었을 거예요. 하지만 확실한 사실은 아니에요. 그 누구도 살아 있는 공룡을 보지는 못했으니까요. 공룡의 피부는 나무나 풀과 같은 식물 뒤에 숨었을 때 눈에 잘 띄지 않도록 초록색이나 갈색이었을 거예요.

비늘로 덮인 피부

이런 피부는 튼튼하고, 물이 통하지 않아요. 또 쉽게 상처가 나지 않고 몸속의 수분이 날아가지 않도록 보호해 줘요.

내가 보이니?

뱀과 도마뱀은 몸이 자랄 때마다 허물을 벗어요. 아마 공룡도 그랬을 거예요. 뱀의 허물은 양말을 벗는 것처럼 한 번에 떨어져 나가기도 해요.

나는 튼튼해!

공룡의 비늘은 여러 겹으로 단단하게 겹쳐 있어서 튼튼했어요.

사람은요!

사람의 피부는 계속 새로 만들어져요.

동물은요!

개구리나 두꺼비는 피부로도 숨을 쉬어요.

공룡은요!

막 알을 깨고 나온 공룡의 비늘은 부드럽고 미끌미끌했어요.

나 좀 봐 줘!

코리토사우루스의 머리에는 화려한 색의 볏이 있었어요. 마음에 드는 짝이 있으면 이 볏을 뽐내서 관심을 끌었을 거예요.

살타사우루스의 등에는 갑옷처럼 뼈로 된 판, 또는 혹이 잔뜩 있었어요. 살타사우루스는 갑옷으로 무장한 공룡 중에서 제일 큰 공룡이었어요.

울퉁불퉁!

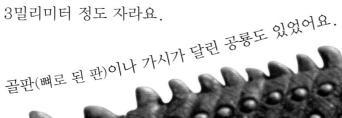

포유류는 피부에 털이 있는 유일한 동물이에요. 사람의 털은 평균적으로 일주일에 3밀리미터 정도 자라요.

골판(뼈로 된 판)이나 가시가 달린 공룡도 있었어요.

발굽이 있어!

편리해!

이구아노돈의 발과 발굽은 돼지와 좀 비슷해요. 이 공룡은 먹이를 먹을 때 네 발을 전부 땅에 딛고 먹었어요.

티라노사우루스의 뒷다리는 아주 커요. 하지만 앞다리는 사람의 팔 길이와 비슷할 정도로 작았어요.

데이노니쿠스의 발끝에는 25센티미터 길이의 날카롭고 휘어진 발톱이 있었어요.

다리가 긴 공룡들

공룡은 다리가 네 개였어요. 하지만 두 발로 달리는 공룡도 있었고, 두 발로 걷다가 네 발로 걷는 공룡도 있었어요.

커다란 발

공룡의 다리뼈는 모두 비슷하게 생겼어요. 하지만 코뿔소나 코끼리의 다리와 같은 공룡도 있었어요. 또 새 다리와 같은 공룡도 있었어요. 공룡 발자국 중 가장 큰 것은 폭이 1미터나 돼요.

공룡 발자국은 화석이 되기도 해요.

난 무서운 무기를 가졌어...

내 발은 부드러워...

테리지노사우루스의 앞다리에 달린 발톱은 길이가 1미터나 될 정도로 컸어요.

메갈로사우루스는 뒷다리가 아주 컸어요. 발에는 앞쪽을 향해 뻗은 발가락이 세 개 있었어요.

용각류 공룡들의 발은 크고 둥글둥글하며 푹신해서 이 공룡들의 엄청난 몸무게를 감당해 주었어요.

사람은요!
사람의 근육 중에서 제일 큰 근육은 다리에 있어요.

공룡은요!
몸집이 큰 공룡들은 앉았다 일어나기 힘들어서 평생 서서 지냈을 거예요.

동물은요!
노래기의 다리는 750개 예요. 동물 중 가장 많은 다리를 가졌어요.

사람의 손가락은 민첩하고 정교하게 움직이며, 물건을 꽉 잡을 수 있어요. 공룡 중에도 먹이를 잡을 수 있도록 잘 구부러지는 발가락을 가진 공룡이 있었어요.

잘 구부러져요!

배가 고파요

공룡들은 무엇이든 가리지 않고 먹었어요. 고기를 먹는 공룡도 있었지만, 나뭇잎이나, 나무줄기, 나무 열매 등 식물만 먹는 공룡이 더 많았어요.

공룡의 이빨

공룡의 이빨은 사람의 이와 아주 달라요. 좋아하는 먹이를 먹는 데 알맞도록 만들어졌거든요. 어떤 공룡은 이빨이 계속 자라났어요. 또 이빨이 닳거나 빠지면 그 자리에 새로운 이빨이 나기도 했어요.

낚시를 해!

수코미무스의 턱과 이빨은 악어와 비슷했어요. 그래서 미끌미끌한 물고기도 놓치지 않고 잘 잡아먹었어요.

공룡들은 커다란 돌을 삼킬 때가 많았어요. 이 돌은 위 속에 머물러 있으면서 먹이를 잘게 부수는 데 도움을 주었어요.

오비랍토르는 입이 새의 부리처럼 생겼어요. 이빨이 없는 대신 주둥이 안에 작은 돌기가 있었어요.

사람은 이가 두 종류예요. 태어나 아기 때 생기는 이는 젖니(유치)라고 해요. 일곱 살쯤부터 젖니가 빠지고 새로운 이가 나는데, 새로 난 이를 영구치라고 해요.

알을 먹어!

부리가 있어!

이가 있어!

갈리미무스는 아침마다 알을 즐겨 먹었어요. 사람들이 달걀을 먹듯이요!

사람은요!

사람 중에는 고기를 먹지 않는
채식주의자가 있어요.
초식 공룡처럼요.

공룡은요!

티라노사우루스는 22톤에
달하는 고기를 일 년 동안
먹어 치웠어요.

동물은요!

아무것도 먹지 않고 일 년을
버틸 수 있는 뱀도
있어요.

와삭!

브라키오사우루스와
같은 초식 공룡들의 이빨은
갈퀴처럼 생겼어요. 그래서
먹이를 이빨로 물고 잡아
뜯어서 먹었어요.

하이에나는 죽은 동물을 먹고 살아요.
몇몇 육식 공룡들도 하이에나처럼 죽은
동물을 먹고 살았어요. 이들은 냄새로
먹이를 찾아냈어요.

배고파!

티라노사우루스는 무시무시한 사냥꾼이었어요.
길이가 15센티미터나 되는 이빨이 들쭉날쭉 나
있었거든요. 하지만 날카로운 이빨이 있어도 씹지를
못해, 먹이는 덩어리째 삼켰어요. 티라노사우루스는
코끼리보다 더 무거울 정도로 몸집이 컸어요.

공격!

벨로시랍토르는 떼를 지어 사냥했어요. 이 공룡은 몸집이 늑대보다 큰데다 머리도 늑대만큼 똑똑했어요. 하지만 벨로시랍토르는 늑대와 달리 도망가는 먹잇감의 등으로 뛰어오를 정도로 무척 재빨랐어요.

달려!

점프!

사냥을 해요

육식 공룡들은 오늘날 야생 동물들이 사냥할 때처럼 먹잇감에 치명적인 공격을 퍼부었어요. 몸집이 작은 육식 공룡들은 떼를 지어 사냥하는 경우가 많았어요.

숨어서 기다리기
몸집이 큰 육식 공룡들은 먹잇감을 쫓기에는 달리는 속도가 너무 느렸어요. 그래서 먹잇감을 조용히 뒤따르다가 갑자기 공격을 했어요. 어떤 공룡들은 같은 종끼리 서로 잡아먹기도 했어요.

휙

사람은요!

사람은 어떤 동물이 멸종할 때까지 사냥을 하기도 해요. 그래서 도도새가 멸종했어요.

공룡은요!

육식 공룡들은 몸집이 더 큰 공룡이 오기 전에 빨리 먹이를 먹어야 했어요.

동물은요!

코모도왕도마뱀은 몇몇 공룡이 그랬듯 서로를 잡아먹어요.

사냥하는 공룡이라고 해서 큰 먹이만 먹었던 것은 아니에요. 작은 공룡들은 도마뱀을 먹거나 날아다니는 곤충을 공중에서 잡아채 먹기도 했어요.

덤벼!

난 네가 보여!

데이노니쿠스는 무는 힘이 공룡 중에서 제일 셌을 거예요. 티라노사우루스보다도 더 셌을 거예요. 데이노니쿠스는 오늘날의 악어보다 몸무게가 여덟 배나 더 나갔어요.

트루돈은 눈이 커서 밤에도 먹잇감을 찾아낼 수 있었어요.

19

소리를 내요

오늘날의 파충류는 거의 소리를 내지 않지만, 공룡 가운데는 서로 연락을 하고, 위험을 알리기 위해 소리를 냈을 거예요.

얼마나 크게 소리를 냈을까요?

공룡이 얼마나 크게 소리를 냈는지는 알려져 있지 않아요. 아마도 공룡이 낼 수 있는 제일 큰 소리는 25킬로미터 이상 울려 퍼지지 않았을까 생각해요.

우르릉, 우르릉!

코리토사우루스는 코에 속이 빈 큰 볏이 달렸어요. 이 볏은 소리를 울리는 통 역할을 해서 귀청이 터질 정도로 큰 소리가 나게 했을 거예요.

초식 공룡은 오늘날의 코끼리들처럼 먹이를 소화시킬 때 큰 소리를 냈을 거예요.

빰이…

…부풀어!

트럼펫을 불면 빰이 부풀어 올라요. 코리토사우루스도 이런 방식으로 소리를 냈을 거예요.

초식 공룡들은 발을 굴러서 주변에 위험을 알리거나 사냥꾼을 쫓아냈을 거예요.

악기 같아!

파라사우롤로푸스는 트롬본처럼 생긴 볏이 있어요. 수컷의 볏은 길이가 1.8미터나 되어서 공룡 중에서 제일 컸어요.

사람은요!

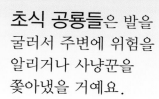

사람들이 쓰는 언어는 전 세계적으로 약 4천 개가 넘어요.

동물은요!

짖는원숭이가 내는 소리는 땅 위에 사는 동물 중 제일 커요.

공룡은요!

아기 공룡은 알 속에서 찍찍대기도 했을 거예요.

스트루티오미무스나 작은 육식 공룡은 타조처럼 찢어지는 듯한 높은 소리를 냈을 거예요. 스트루티오미무스라는 이름은 '타조를 닮은'이라는 뜻이에요.

쿵쿵!

찍찍!

달리기 경주를 해요

공룡과 오늘날의 동물들, 그리고 사람이 달리기 시합을 한다고 상상해 보세요. 공룡들은 생각만큼 빨리 달리지 못할 거예요. 대부분의 공룡은 몸집이 크고 무거웠기 때문에 느리게 움직였어요. 달리기 시합을 하면 1등은 치타가 차지할 거예요.

준비, 출발!

달려, 달려!

티라노사우루스

안킬로사우루스

용각류

스테고사우루스

육상 선수

느린 공룡들

덩치가 큰 공룡들은 다리가 짧아 빨리 달리지 못했어요. 스테고사우루스처럼 크고 무거운 등판을 가진 공룡들도 느릿느릿 걸었어요.

공룡이나 고양이, 개들은 사람으로 치면 평발이어서 발가락을 세우고 걸어요.

벨로키랍토르처럼

새를 닮은 공룡들은 빠르고 민첩했어요. 이런 공룡들은 몸이 가볍고 뒷다리는 길고 날씬했어요. 깃털이 달린 짧은 앞다리를 이용해서 더욱 빠르게 달렸어요.

공룡은요!
두 다리로 달리는 공룡은 두 발 동물이라고 할 수 있어요.

사람은요!
티라노사우루스가 달리는 속도는 사람과 비슷했어요.

동물은요!
영양이 달리는 속도는 제일 빠른 공룡과 맞먹어요.

부웅!

벨로키랍토르

경주마

오르니토미무스

타조

콤프소그나투스

치타

1등!

빠른 공룡들

콤프소그나투스나 오르니토미무스처럼 날씬한 도마뱀처럼 생긴 공룡들이 제일 빨리 달렸어요. 이 공룡들은 달릴 때 꼬리로 몸의 균형을 잡았어요.

내 목장식 멋있지?

트리케라톱스에게는 길이가 1미터나 되는 큰 뿔이 세 개 있었어요. 이 뿔로 적과 맞서 싸우거나 공격을 받아 넘겼어요.

스스로 몸을 보호해요

공룡들은 위험으로부터 자기 자신을 보호해야 했어요. 적으로부터 자신을 보호하는 오늘날의 동물들과 마찬가지로요.

물러서!

공룡들마다 자신을 보호하는 방법이나 도구가 있었어요. 육식 공룡들은 날카로운 이빨이 있었어요. 초식 공룡들은 몸에 난 긴 뿔이나 날카로운 가시로 몸을 보호했어요. 어떤 공룡는 온몸이 뼈 판으로 덮여 있었어요.

아르마딜로는 몇몇 공룡처럼 튼튼한 껍데기로 자신을 보호했어요.

부리가 있어!

프로토케라톱스는 날카로운 부리로 적을 깨물어서 자기 자신을 지켰어요.

안킬로사우루스는 끝이 뭉툭하고 뼈로 된 꼬리로 적과 싸웠어요. 꼬리를 휘둘러 상대방의 머리뼈를 부수기도 했어요.

휙휙!

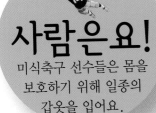

사람은요!
미식축구 선수들은 몸을 보호하기 위해 일종의 갑옷을 입어요.

공룡은요!
코리토사우루스는 군인이 쓰는 투구 모양의 볏이 있었어요.

동물은요!
거북의 등 껍데기는 갑옷처럼 거북의 몸을 보호해요.

붉은 사슴은 뿔을 서로 얽으면서 싸워요. 이렇게 싸우는 건 짝짓기 경쟁자를 물리치기 위해서예요. 트리케라톱스도 붉은 사슴처럼 싸웠을 거예요.

몸을 치장해요

수컷 공룡은 짝짓기를 하려면 암컷에게 잘 보여야 했어요.
그래서 오늘날의 수컷 동물들처럼 자신을 돋보이게 꾸몄어요.

화려하게 돋보이기

수컷 공룡들은 화려한 몸 색깔로 여러
동물 가운데서 자신이 돋보이도록 했어요.
또 힘자랑을 하기도 했어요.

카멜레온은 자기 마음대로
몸의 색깔을 바꿀 수 있어요. 공룡
가운데는 카멜레온처럼 몸 색깔을
바꿀 수 있는 공룡도 있었어요.

스테고사우루스의 등에는
곧게 선 커다란 판이 달려
있었어요. 수컷은 얼굴을
붉히듯이 이 판의 색깔을 바꿔
암컷의 눈길을 끌었을 거예요.

안녕!

카스모사우루스의 머리에는
커다란 방패처럼, 가죽으로 된
주름이 있었어요. 밝은색의
이 주름은 짝짓기 상대의
눈길을 끌었을 거예요.

주름이 있어!

공룡은요!
공룡은 대부분 일 년에
딱 한 번 새끼를
낳았어요.

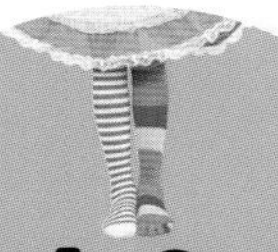

사람은요!
사람들은 다른 사람에게
잘 보이기 위해 옷에
신경을 써요.

동물은요!
가장 화려한 장식을 가지고
있는 동물은 극락조
수컷이에요.

호랑이는 평소에는 거의 혼자
지내다가 짝짓기를 할 때가 되면
암컷과 수컷이 만나요. 짝짓기가
끝나면 다시 떨어져 혼자 지내요.

안녕!

새끼를 돌보아요

공룡은 오늘날의 조류나 파충류처럼 둥지를 틀고 거기에
알을 낳았어요. 새끼들에게 먹이를 주며 돌본 공룡도 있어요.

공룡 새끼들

막 알에서 깨어난 공룡 새끼들은 작고
연약했어요. 그래서 새끼들이 둥지를 떠날 수
있을 만큼 자라날 때까지 어미 공룡이
새끼들을 돌보기도 했어요.

귀여운 우리 아기들!

어떤 공룡 알은 타조 알(왼쪽)처럼 생겼어요.
프로토케라톱스의 알(가운데)은 길쭉했고
용각류의 알(오른쪽)은 그보다 둥글었어요.

마이아사우라는 오늘날의 바닷새처럼
땅 위에 크고 둥근 둥지를 만들고,
그 안에 알을 30~40개 낳았어요.
알은 타조 알과 크기가 비슷했어요.
'마이아사우라'라는 이름은 '착한
엄마 도마뱀'이라는 뜻이에요.

사람의 아기는 태어나 일 년 동안은 엄마와 꼭 붙어 있어요. 마이아사우라 같은 몇몇 공룡도 새끼가 스스로 살아갈 수 있을 때까지 돌보았어요.

얘들아, 여기 모여라!

사람은요!
사람은 엄마의 배 속에서 자란 아기를 낳아요.

공룡은요!
처음 공룡 알을 발견했을 때 사람들은 그것이 큰 새의 알인 줄 알았어요.

황제펭귄은 많은 새끼와 이들을 보살피는 몇 마리의 어른 펭귄으로 무리를 지어 살아요. 프시타코사우루스 같은 공룡도 황제펭귄처럼 몇 마리의 어른 프시타코사우루스가 새끼를 돌보았을 거예요.

동물은요!
바다거북은 몸속의 관을 통해서 알을 낳아요. 용각류 공룡도 그랬을 거예요.

엄마!

알에서 나오자마자 뛸 수 있는 공룡도 있었어요. 자신을 잡아먹으려는 다른 공룡들에게서 도망치기 위해서지요. 이런 특성은 얼룩말이나 가젤 같은 포유류 새끼들에게서도 볼 수 있어요.

물소는 아프리카의 탁 트인 평원에서 크게 무리를 지어 움직여요. 초식 공룡들도 천 마리가 넘게 떼를 지어서 살았어요.

우리는 지금 이동 중·····

공룡들은 추운 곳에서 벗어나거나 먹이를 구하기 쉬운 곳으로 가려고 떼를 지어 움직였어요.

떼를 지어
다녀요

코엘로피시스는 초식 공룡 떼를 쫓아가서 뒤에 처진 새끼나 병든 공룡을 사냥했어요.

초식 공룡들은 스스로를 지키기 위해 무리를 지어 다녔어요.
어미와 새끼들로 이루어진 작은 무리를 이루기도 하고, 많은 공룡이 어우러진 큰 무리를 이루기도 했어요.

용각류 공룡들은 거대한 다리로 하루에 몇 킬로미터나 갈 수 있었어요. 이 공룡들이 발로 밟아 다져 놓은 '길'이 오늘날에도 남아 있어요.

날 따라와!

사람은요!
공룡처럼 사람도 서로 어울려 지내는 것을 좋아해요.

공룡은요!
공룡은 무리 속에서 먹이를 먹고, 물을 마시고, 이동 하고, 알을 낳았어요.

동물은요!
사향소들은 트리케라톱스처럼 새끼를 둥그렇게 둘러 싸서 지켜요.

여럿이 있으면 안전해요
무리 속에서는 안전하게 지낼 수 있었어요. 먹이를 먹고 있더라도 몇몇이 망을 보다 위험한 공룡이 가까이 오면 파수꾼들은 소리를 질러 위험을 알렸어요.

벨기에 광부들이 땅속 깊은 곳에서 이구아노돈 무리의 화석을 발견했어요. 화석은 어른 공룡들과 새끼 공룡들의 화석이었어요.

박쥐의 날개는 익룡의 날개처럼 가죽으로 이루어져 있어요. 하지만 익룡들은 박쥐와 달리 날개를 활짝 펴는 데 발가락 네 개를 이용했어요.

흑!

프테로다우스트로의 부리에는 솔처럼 뻣뻣한 털(강모)이 많았어요. 이런 부리를 체처럼 이용해서 얕은 물에 사는 작은 동물들을 걸러 먹었을 거예요.

케찰코아틀루스는 날개를 활짝 펼치면 길이가 12미터나 되었어요. 작은 비행기보다도 더 길었던 셈이지요.

하늘을 날아요

공룡이 살았던 시대에, 하늘에는 익룡이라고 불리는 파충류가 날아다녔어요. 이들의 날개는 가죽으로 이루어졌고, 긴 발가락뼈가 날개를 지탱했어요.

얼마나 컸을까요?

익룡 중에는 몸집이 닭과 비슷한 익룡도 있었지만, 오늘날의 새보다 세 배는 더 큰 익룡도 있었어요. 케찰코아틀루스는 웬만한 공룡들보다 덩치가 컸지만, 몸무게는 어른 남자 두 명의 몸무게를 합친 것보다도 덜 나갔어요.

꽤액!

익룡들은 몸에 덮인 솜털로 체온을 따뜻하게 유지했어요.

에우디모르포돈은 이빨은 크며, 꼬리는 길고 단단했어요. 아주 가는 네 번째 발가락이 날개를 붙들고 있었어요.

람포린쿠스는 물고기를 잡아먹으려고 바다로 돌진했어요. 날카로운 부리에 뾰족하게 튀어나온 이빨이 나 있어서 미끄러운 먹이도 쉽게 잡았어요.

공룡은요!
미크로랍토르는 나무와 나무 사이를 점프하듯 날아다녔어요.

동물은요!
호아친이라는 새는 익룡처럼 날개에 발톱이 달렸어요.

사람은요!
사람은 스스로 날 수 없지만 날개처럼 만든 도구를 써서 날 수 있어요.

수익…!

디모르포돈의 부리는 섬새의 부리처럼 짧고 두터웠어요. 디모르포돈은 바다 가까이 살면서 물고기를 잡아먹으며 살았을 거예요.

바다거북은 거대한 악어 중 하나인
데이노수쿠스가 가장 좋아한 먹이였어요.

바다에는 누가 살았을까요?

선사 시대에는 깊고 푸른 바다에 커다란 파충류와 물고기들이
헤엄쳤고, 땅 위에는 공룡들이 걸어 다녔어요. 큰 바다 생물들과 해파리,
오징어, 거북 등도 살았어요.

몸집 큰 **엘라스모사우루스**는 목이 7미터나 될 정도로 길었어요.
오늘날의 고래와 비슷한 방식으로 숨을 쉬었어요.

프테리고투스는
거대한 바닷가재
였어요. 엄청나게
큰 집게발로 먹잇감을
공격했어요.  ⋯⋯⋯⋯⋯ 조심해! 집게발이 꽤 멀리까지 닿을 수 있어!

짤깍!
짤 짤깍!

빨리 헤엄쳐
도망가!

냠냠!

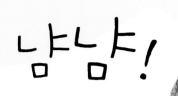

사람은요!
사람은 최대 시속 8.5 킬로미터의 속도로 헤엄 칠 수 있어요.

메갈로돈의 이빨
공룡은요!
메갈로돈은 선사 시대의 물고기 중에서 가장 컸어요.

동물은요!
바다거북은 2억 1500만 년 전에 지구에 나타났어요.

바리오닉스는 물가에 살면서 힘센 발톱을 갈고리처럼 써서 물고기를 잡았어요. 또한 악어 같은 커다란 턱으로 먹이를 꽉 붙들었어요.

이크티오사우루스란 '물고기 도마뱀'이라는 뜻이에요. 이 파충류는 상어와 비슷하게 생겼어요.

오늘날의 상어

해파리는 공룡이 나타나기 전인 4억 년 전에 처음으로 지구에 생겨났어요.

데이노수쿠스의 생김새는 악어와 비슷해요. 하지만 몸길이가 12미터나 되어 악어보다 두 배나 더 컸어요. 데이노수쿠스란 '무시무시한 악어'라는 뜻이에요.

오늘날의 악어

초기
포유류들

메가조스트로돈

많은 종류의 포유류가 공룡과 같은 시대에 살았어요. 이때의 포유류들은
주로 밤에 먹이를 찾아 나서는 작고 재빠른 사냥꾼이었어요.

공룡의 시대

초기 포유류들은 공룡보다 훨씬
종이 다양했어요. 포유류들은
공룡보다 훨씬 작았고, 몸을 따뜻하게
하기 위해 털이 나 있었어요.

메가조스트로돈은
처음으로 나타난 포유류 중의
하나예요. 몸집은 쥐와
비슷했어요.

짹!

공룡과 파충류들은 날씨가
추워지면 움직임이 둔해졌어요.
하지만 포유류는 날씨가 추워도
먹이를 찾을 수 있었어요.

공룡 이후

공룡이 모두 죽어 사라지자 세상은
변했어요. 포유류는 점점 덩치가
커졌고, 지구를 지배하기 시작했어요.

프로토로히푸스는
지구에 처음 등장한 말의
일종이에요. 덩치는 작은
개와 비슷했어요.

파라케라테리움은 땅 위에 살던 포유류 중에서
제일 컸어요. 이 동물은 코뿔소의 친척이에요.

사람은요!

사람의 이는 네 가지로 나뉘어요. 최초의 포유류도 마찬가지였어요.

공룡은요!

거대한 운석이 지구에 떨어지는 바람에 공룡이 멸종했을 거라고 해요.

동물은요!

오리너구리가 발견되었을 때 과학자들은 농담이라고 생각했어요.

끽끽…

초기 포유류들은 오늘날 아기 돼지들처럼 어미의 젖을 먹고 살았어요.

보글보글!

오리 주둥이를 한 스테로폰은 새끼를 낳지 않고 알을 낳았어요. 이 동물은 부리가 오리와 닮았어요. 오늘날 오리너구리의 친척이에요.

시노델피스 새끼는 어미의 주머니 안에서 안전하게 보호받으면서 자랐어요. 오늘날 캥거루 새끼들과 아주 비슷해요.

스밀로돈은 호랑이와 비슷한 고양잇과 동물로 앞니가 아주 컸어요. 앞니가 얼마나 큰지 입을 다물어도 삐죽 튀어나왔어요.

매머드는 털이 아주 길어서 추운 북쪽 지방에서 살기에 알맞았어요.

그르릉!

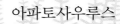 아파토사우루스

숲과 삼림 지대는
티라노사우루스 같은 커다란
육식 공룡의 서식지였어요.

티라노사우루스　　　　스테고사우루스

넓은 평원에는 거대한
공룡 무리가 돌아다녔어요.

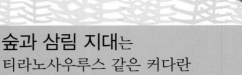 안킬로사우루스

오비랍토르

콤프소그나투스

사막 지대는 넓은
평원에서 살던 공룡들의
서식지이기도 했어요.

벨로키랍토르

강기슭과 늪에는 물고기를
먹고 사는 온갖 종류의
공룡이 살았어요.

스피노사우루스

바리오닉스

바닷가는 이구아노돈을
비롯한 공룡 무리로
가득했어요.

이구아노돈
무리

바다는 물고기들과 커다란
파충류들의 서식지였어요.
하지만 공룡은 바다에서
살지 않았어요.

데이노수쿠스

공룡은 어디에서 살았을까요?

오늘날의 동물들과
마찬가지로 공룡이 살던
곳은 메마른 사막에서부터
식물이 무성한 숲까지
무척 다양했어요.

디플로도쿠스

마이아사우라

브라키오사우루스

테리지노사우루스

케찰코아틀루스

드로마에오사우루스

오르니토미무스

오우라노사우루스

카르카로돈토사우루스

수코미무스

끽끽!

프테로닥틸루스

이크티오사우루스

엘라스모사우루스

사람은요!
사람은 바다 속만 빼고 어디서든 살 수 있는 유일한 동물이에요.

공룡은요!
물가에 살던 공룡의 화석이 제일 보존 상태가 좋아요.

동물은요!
바다이구아나는 바다 속에서 먹이를 잡아먹는 유일한 도마뱀이에요.

어떤 **식물**이 살았을까요?

공룡이 살던 시대에는 신기하고 놀라운 식물이 많았어요. 고사리가 집채만 하게 자라났고, 잎이 뾰족한 소철류도 있었어요. 소철류는 오늘날의 야자수와 비슷했어요.

습하고 더웠어요!

공룡이 나타나기 전 지구는 덥고 습한 날씨였어요. 이런 날씨에는 나무들이 쑥쑥 자라 숲을 이루기 좋았어요.

공룡들은 사계절 푸른 침엽수의 솔방울을 먹고 살았어요.

우적! 우적!

잎이 넓적한 **은행나무**는 공룡 시대 이후 거의 모습이 변하지 않았어요.

소철은 어디서나 볼 수 있는 흔한 식물이었어요. 소철의 억세고 뾰족한 이파리를 먹을 수 있을 정도로 공룡의 이빨과 위장은 튼튼했어요.

거대 잠자리는 공룡이 지구에 나타나기 훨씬 전부터 나무 사이를 날아다녔어요.

사람은요!
식물의 꽃가루는 사람에게 재채기를 일으켜요.

동물은요!
초기 곤충들도 식물의 꽃가루를 퍼뜨리고 다녔어요.

공룡은요!
선사 시대 동물인 플라티벨로돈은 엄니로 식물을 뽑아 먹었어요.

파닥파닥!

최초의 꽃은 목련처럼 생겼어요. 딱정벌레류가 이 꽃의 꽃가루를 수술에서 암술로 옮겨 주었어요. 그때는 꿀벌들이 아직 지구에 나타나기 전이었어요.

식물과 균류들은 공룡이 출현하기 전부터 자라났어요. 그중 몇몇은 생김새가 아주 괴상했어요.

훨훨 날아요!

오늘날 칼새 같은 몇몇 조류는 아주 오랫동안 하늘에 머무를 수 있어요. 몇 년 동안 땅에 내려오지 않고 공중에서 먹이를 먹고 잠도 자지요.

새들은 공룡보다 뼈의 수가 적고 크기도 작아서 날기가 더 편해요.

시조새는 제일 처음 나타난 새예요. 시조새는 부리와 이빨이 있었고, 긴 꼬리 안에 뼈대가 있었어요.

공룡과 다른 동물들

공룡을 비롯한 선사 시대 동물들은 지구에서 사라지면서 지구에 자신들의 흔적을 남겼어요. 공룡과 선사 시대 동물들은 오늘날 조류 및 악어와 같은 파충류의 조상이에요.

초기 조류들

놀랍게도 공룡은 새의 조상이에요. 공룡은 아주 컸고, 오늘날 우리가 보는 새는 훨씬 작지만 이건 사실이에요.

벌새는 크기가 5센티미터밖에 안 돼요. 큰 나비보다 작지요.

오늘날 **파충류**로는 뱀과 도마뱀, 악어 등이 있어요. 이들은 공룡처럼 몸에 비늘이 나 있어요.

우리 함께 박수 짝짝!

거북은 가장 일찍 나타난 파충류예요. 단단한 등 껍데기 덕분에 적의 공격으로부터 안전하게 몸을 보호할 수 있어요.

침팬지는 여러 가지 면에서 사람과 가까운 점이 많아요. 침팬지는 얼굴을 찌푸리기도 하고, 사람처럼 박수를 치기도 해요.

사람은요!
침팬지들은 사람처럼 각자 손가락 끝에 지문이 있어요!

공룡은요!
인류가 지구에 나타난 것은 공룡이 사라지고 6000 만 년 뒤예요.

동물은요!
캥거루나 새처럼 많은 동물이 두 발로 걸어요.

맨처음 사람의 조상은 선사 시대에 아프리카에서 살았어요. 이때는 공룡이 사라지고 한참 뒤였어요. 동물과 달리 사람의 조상은 돌로 만든 도구로 사냥을 했어요. 그리고 불을 피울 줄도 알았어요.

누가 **최고**일까요?

공룡 중에는 지금껏 존재했던 동물 중에서 가장 크거나, 가장 빠르거나, 가장 사나운 공룡이 있었어요. 여러분은 어떤 공룡이 제일 좋은가요?

제일 큰 육식 공룡

스피노사우루스 – 몸길이가 15미터나 되었어요.

제일 큰 초식 공룡

아르젠티노사우루스 – 몸길이가 30미터나 되었어요.

제일 작은 공룡

미크로랍토르 – 몸길이가 겨우 80센티미터였어요.

키가 제일 큰 초식 공룡

브라키오사우루스 – 키가 12미터였어요.

머리뼈가 제일 두꺼운 공룡

파키케팔로사우루스 – 머리뼈 두께가 20센티미터나 되었어요.

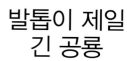

날개가 제일 큰 파충류

케찰코아틀루스 – 날개 길이가
12미터나 되었어요.

발톱이 제일
긴 공룡

테리지노사우루스 –
발톱 길이가 1미터나
되었어요.

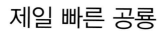

키가 제일 큰 육식 공룡

데이노케이루스 – 키가
6미터나 되었어요.

제일 빠른 공룡

오르니토미무스 – 시속
70킬로미터까지 속도를
낼 수 있었어요.

이빨이
제일 많은 공룡

하드로사우루스– 이빨이
1,000개쯤 되었고,
계속 새 이빨이 자라났어요.

머리뼈가 제일 큰 공룡

펜타케라톱스 – 머리뼈 길이가
3미터나 되었어요.

용어 설명

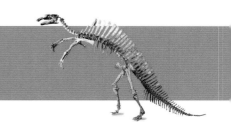

균류
버섯이나 곰팡이들이에요. 균류는 식물처럼 보이지만, 식물과는 다른 방식으로 번식해요. 뿌리도, 잎도 없어요.

두 발 동물
두 발로 서서 움직이는 동물을 가리켜요.

떼
같은 종이나 비슷한 종류의 동물이 무리를 지은 것을 말해요.

먹이
다른 동물에게 잡아먹히는 동물이에요.

멸종
하나의 생물 종이 전부 죽어 없어지는 것을 말해요.

비늘
도마뱀 같은 특정 동물의 피부를 감싸고 있는 작고 편평한 판이에요.

선사 시대
인간이 활동하기 전으로, 글로 된 기록이 전혀 없는 때를 말해요.

소철
사계절 푸른 상록수로 열대 지방에서 자라요. 야자수, 고사리와 비슷해요.

용각류
네 발로 걷는 몸집 큰 초식 공룡이에요. 목과 꼬리가 길고, 머리는 작았어요.

익룡
날아다니는 파충류를 말해요. 지금은 멸종했어요.

침엽수
잎이 바늘처럼 생겼어요. 방울 모양의 열매를 맺는 큰 나무 또는 작은 나무(관목)로, 사계절 내내 잎이 푸른 경우가 많아요. 소나무도 침엽수예요.

파충류
피가 차갑고, 피부가 건조하며, 비늘이 있는 동물이에요. 뼈로 된 판을 달고 있기도 해요.

포유류
피가 따뜻하고 털이나 솜털이 덮인 동물이에요. 폐로 숨을 쉬고, 새끼에게 젖을 먹여요.

하드로사우루스
입이 오리 주둥이 모양인 공룡이에요.

화석
옛날 식물이나 동물의 흔적이에요. 땅속에 남아 있어요.

공룡 이름

이 책에 나오는 공룡과 선사 시대 동물들 이름이에요.

갈리미무스
(Gallimimus)

데이노수쿠스
(Deinosuchus)

데이노케이루스
(Deinocheirus)

드로마에오사우루스
(Dromaeosaurus)

디모르포돈
(Dimorphodon)

디플로도쿠스
(Diplodocus)

람포린쿠스
(Rhamphorhynchus)

레소토사우루스
(Lesothosaurus)

리오플레우로돈
(Liopleurodon)

마이아사우라
(Maiasaura)

메가조스트로돈
(Megazostrodon)

메갈로돈
(Megalodon)

메갈로사우루스
(Megalosaurus)

미크로랍토르
(Microraptor)

바리오닉스
(Baryonyx)

벨로키랍토르
(Velociraptor)

브라키오사우루스
(Brachiosaurus)

살타사우루스
(Saltasaurus)

수코미무스
(Suchomimus)

스밀로돈
(Smilodon)

스테고사우루스
(Stegosaurus)

스테로폰
(Steropon)

스트루티오미무스
(Struthiomimus)

스피노사우루스
(Spinosaurus)

시노델피스
(Sinodelphys)

시조새
(Archaeopteryx)

아르젠티노사우루스
(Argentinosaurus)

아파토사우루스
(Apatosaurus)

안킬로사우루스
(Ankylosaurus)

에드몬토사우루스
(Edmontosaurus)

엘라스모사우루스
(Elasmosaurus)

오르니토미무스
(Ornithomimus)

오비랍토르
(Oviraptor)

오우라노사우루스
(Ouranosaurus)

이구아노돈
(Iguanodon)

이크티오사우루스
(Ichthyosaurus)

카르카로돈토사우루스
(Carcharodontosaurus)

카스모사우루스
(Chasmosaurus)

케찰코아틀루스
(Quetzalcoatlus)

코리토사우루스
(Corythosaurus)

코엘로피시스
(Coelophysis)

콤프소그나투스
(Compsognathus)

테리지노사우루스
(Therizinosaurus)

트루돈
(Troodon)

트리케라톱스
(Triceratops)

티라노사우루스
(Tyrannosaurus)

파라사우롤로푸스
(Parasaurolophus)

파라케라테리움
(Paraceratherium)

파키케팔로사우루스
(Pachycephalosaurus)

펜타케라톱스
(Pentaceratops)

프로토케라톱스
(Protoceratops)

프로토로히푸스
(Protorohippus)

프시타코사우루스
(Psittacosaurus)

프테로다우스트로
(Pterodaustro)

프테리고투스
(Pterygotus)

플라티벨로돈
(Platybelodon)

찾아보기

Picture Credits: The publisher would like to thank the following for their kind permission to reproduce their photographs:

(Key: a-above; b-below/bottom; c-centre; f-far; l-left; r-right; t-top)

Alamy Images: Arco Images GmbH / P. Wegner 11tr; blickwinkel / Dautel 23c; Lee Dalton 42br; Encyclopaedia Britannica / Universal Images Group Limited 7cra; Frank Geisler / medicalpicture 9tr; ICP 17tl; imac 9cr; Schulz Ingo / WoodyStock 37ca; Juniors Bildarchiv / R304 23clb; McPhoto / Vario Images GmbH & Co.KG 41fcla; Photoshot Holdings Ltd 7tc; Friedrich Saurer / imagebroker 32tr, 45tl; Chris Selby 33crb; Lana Sundman 21ftr; Zach Vanwagner 16cr; Valentyn Volkov 17fcla; Dave Watts 37cr; Zee 17tc. **Corbis:** O. Alamany & E. Vicens 17fclb; Louie Psihoyos 10t; Louie Psihoyos / Science Faction 9c, 23cr, 39fcra (ornithomimus), 45cr; Hans Reinhard 37tr; Rubberball 13cl; Stuart Westmorland 39br (iguana). **Dorling Kindersley:** Jerry Young 19cl, 19c; Luis V. Rey 23fcl, 38cra; The American Museum of Natural History 8; Bedrock Studios 15ca; Robert L. Braun - modelmaker 3br, 4-5, 6br, 10br, 13cr, 19tc, 22cb, 23cb, 26bl, 38tr, 38fcra; Centaur Studios - modelmaker 14fcla, 24tr, 31fcrb, 35tr; David Donkin - modelmaker 5tr; ESPL 9fbl; Jonathan Hateley - modelmaker 16fcl, 38cr, 39cl (suchomimus), 42tl; Graham High - modelmaker 2r; Graham High and Jeremy Hunt Centaur Studios - modelmaker 18tl; Graham High at Centaur Studios - modelmaker 13tr, 14tc, 18tr, 20br, 22cla, 22fcr, 23ftr (t-rex), 24tl, 27cb, 27br, 38tc, 39tr (brachiosaurus), 45bl; John Holmes - modelmaker 23tr; John Holmes - modelmaker / Natural History Museum, London 13cla, 28br; Jon Hughes 3tr, 15tr, 27fcra/1, 27fcra/2, 32cl, 33tl, 33cl, 37ftr, 38ca, 38c, 39cr (pterodactylus), 39fcla (ouranosaurus), 43c, 44cl; Jon Hughes / Bedrock Studios 15cla, 35cb,

39ftr (therizinosaurus), 45tr; Jeremy Hunt at Centaur Studios - modelmaker 7r, 15c, 30-31ca, 30-31c, 31frcr, 39ftl (barosaurus); Museo Arentino De Cirendas Naterales, Buenos Aires 9bl; Natural History Museum, London 9br, 11cl, 14br, 14fcra, 19cr, 22cl, 28cr, 35cla (tooth), 36bl, 36c, 37bl, 39tc (deinonychus), 43bc, 44br; Paignton Zoo, Devon 7bc; David Peart 35c; Royal Tyrrell Museum of Palaeontology, Alberta, Canada 7cla, 7fbl, 15br; State Museum of Nature, Stuttgart 29cra; Dennis Wilson - Staab Studios - modelmaker 27t; Jerry Young 41cla (butterfly).
Fotolia: Anna Khomulo 34cr, 35cr; Michael Rosskothen 33ca, 44crb.
Getty Images: Absodels 22br; The Agency Collection / Clerkenwell 11ftl; Blend Images / Caroline Schiff 20bl; Paul Burns 21fcla; DEA Picture Library 7ca; Digital Vision / Flying Colours 43cra; Flickr / James R. D. Scott 35cra (turtle); Gallo Images / Heinrich van den Berg 39fcrb (elasmosaurus); The Image Bank / David Tipling 33cra; The Image Bank / Frans Lemmens 24br; The Image Bank / Siri Stafford 29tr; National Geographic / Jeffrey L. Osborn 45cl; National Geographic / Joel Sartore 34tr; National Geographic / Paul Nicklen 31crb; PhotoAlto / Laurence Mouton 16cl; Photodisc 22fcrb; Photodisc / Bill Reitzel 16bc; Photodisc / Digital Zoo 17cla; Photodisc / Don Farrall 2cr, 40cb, 41cl, 41c, 41clb; Photodisc / Steve Wisbauer 42br (pencil); Photographer's Choice / Blake Little 25fclb; Photographer's Choice / David Young-Wolff 29tl; Photographer's Choice / Martin Ruegner 29ca; Photographer's Choice RF / Sami Sarkis 34bc; Purestock 27cr; Radius Images / Horst Herget 14cra; Riser / David Hall 35fcra; Rubberball / Mike Kemp 23ftr (woman); Stock Image / Stefan Meyers 25b; Stone / Michael Blann 43tl; Stone /

Peter Dazeley 11bl; Taxi / Paul Viant 31fclb; The Agency Collection / Rubberball Productions 32br; Workbook Stock / Jay P. Morgan 37tl. **NHPA / Photoshot:** Stephen Dalton 19fcra, 19fcr. **Photolibrary:** 39bl (kids); Age Fotostock / Jack Milchanowski 26cla; Garden Picture Library / Hemant Jariwala 40fcla; Juniors Bildarchiv 27fcr; Peter Arnold Images / Kelvin Aitken 35br; Peter Arnold, Inc. / John Cancalosi 21cra. **Royal Tyrrell Museum / Alberta Tourism, Parks, Recreation and Culture:** Wolfgang Kaehler 21br. Science Photo Library: Richard Bizley 39clb (ichthyosaurs); Christian Darkin 38bc.

Jacket images: Front: Corbis: Bob King tl. Fotolia: Cantor Pannatto bc. Back: **Dorling Kindersley:** Robert L. Braun - modelmaker fcl; Graham High at Centaur Studios - modelmaker c (brachiosaurus); Jeremy Hunt at Centaur Studios - modelmaker fcr; Paignton Zoo, Devon cr.

All other images © Dorling Kindersley
For further information see: www.dkimages.com